E. Marracino

I FUNGHI

vademecum del cercatore

Ai miei nipotini
perché cresca
 il loro amore
per la natura e
la curiosità per
 i suoi segreti

Ermanno Marracino

Titolo | I Funghi
Autore | Ermanno Marracino

ISBN | 978-88-91165-41-1

Youcanprint Self-Publishing
Via Roma, 73 – 73039 Tricase (LE) – Italy
www.youcanprint.it
info@youcanprint.it
Facebook: facebook.com/youcanprint.it
Twitter: twitter.com/youcanprintit

Generalità

Scopo di questi appunti è quello di fornire, a me stesso prima che agli amici, dei criteri semplici e pratici per riconoscere i funghi commestibili più comuni e distinguerli da quelli velenosi (tossici o mortali) con i quali potrebbero essere confusi.

I funghi *commestibili* sono segnalati con il simbolo **C,** quelli *velenosi* con **V** senza distinguere tra tossici e mortali. Quando non è stato possibile individuare un elemento certo ed esclusivo di una specie tossica si è classificato come tossico tutto il gruppo. Ad esempio, tra i porcini a pori rossi ve ne sono alcuni commestibili, ma non avendo trovato un elemento certo e facilmente riconoscibile per individuare quelli tossici si è classificato con **V** tutto il gruppo.   I funghi non tossici né velenosi ma *sospetti* oppure di nessun interesse alimentare o immangiabili perché coriacei, fibrosi, ecc. sono *sconsigliati* e vengono segnalati con **S**

Questi appunti sono strutturati per schede, evidenziando gli elementi fondamentali dei vari gruppi. Spesso viene aggiunta una breve descrizione per alcuni funghi commestibili per poterli individuare più facilmente e per alcuni funghi velenosi per poterli evitare.

L'utilizzo dei nomi scientifici consente la consultazione di libri e manuali specifici.

In questi appunti mancano volutamente fotografie dei funghi; infatti è pericoloso identificare un fungo per confronto con una foto.

Come usare questi appunti ? Volendo si può curiosare tra le schede qua e là ma è impensabile ricordare tutte le caratteristiche e le tipologie dei vari funghi. Questi appunti sono preziosi quando si è in presenza di un fungo che non si conosce : si guarda attentamente il fungo e si consultano le schede, dalla prima fino a quella che lo descrive compiutamente. Sono perciò un utile **vademecum** per il cercatore di funghi, da portare sempre con sé.   Con questo ausilio si riesce a classificare la maggior parte dei funghi o dei gruppi di appartenenza. Va detto infine che quando esiste un ragionevole dubbio sull'appartenenza di un fungo ad un certo gruppo o sulla sua commestibilità deve essere privilegiata l'ipotesi catastrofica (che cioè il fungo possa essere velenoso); la passione e la curiosità tipica del cercatore di funghi non devono prevalere sulla sicurezza.

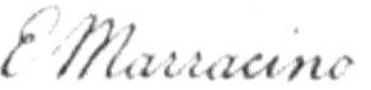

Indice Schede

Classifica di un nuovo fungo

- guardalo bene nel suo ambiente (habitat)

- raccogli un fungo adulto

- osservane attentamente gli elementi fondamentali, seguendo le schede di questi appunti, fino alla completa definizione.

- in caso di dubbi sulla sua commestibilità consulta un Centro Micologico.

- Se si tratta di un fungo atipico (senza gambo e cappello) vai direttamente alla scheda 29

- Se si tratta di un fungo tipico (con gambo e cappello) guarda cosa c'è sotto al cappello : lamelle, pori, aculei o pliche? È fondamentale la distinzione.

Le seguenti didascalie sono per i meno esperti.

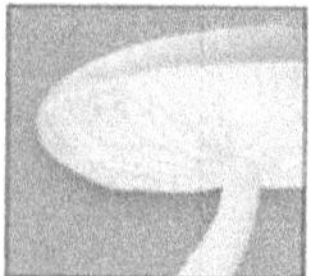

Fungo con lamelle

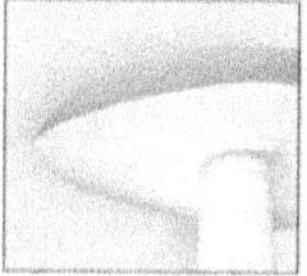

Fungo con pori
(spugnetta)

Fungo con venature
o pliche

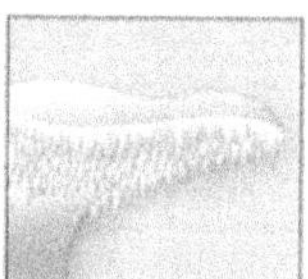

Fungo con aculei

Attaccatura lamelle

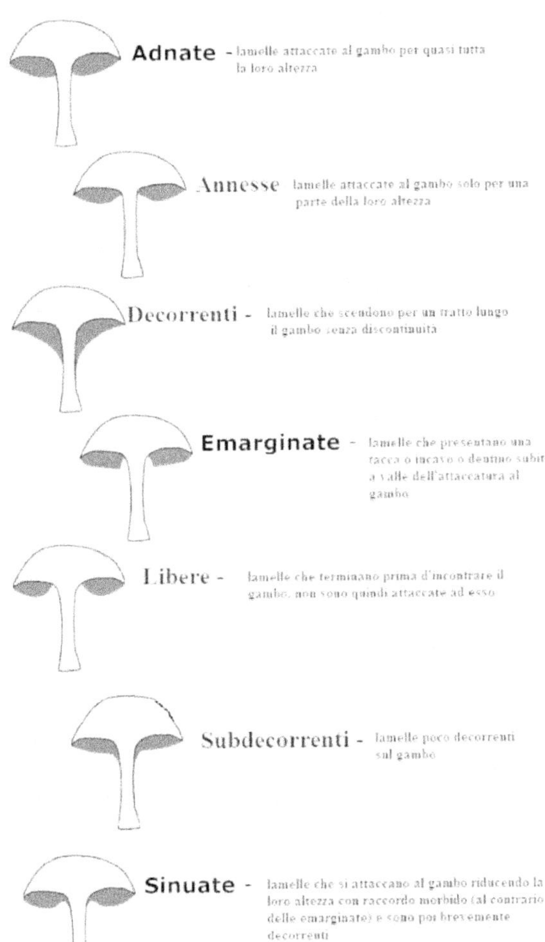

Morfologia del cappello

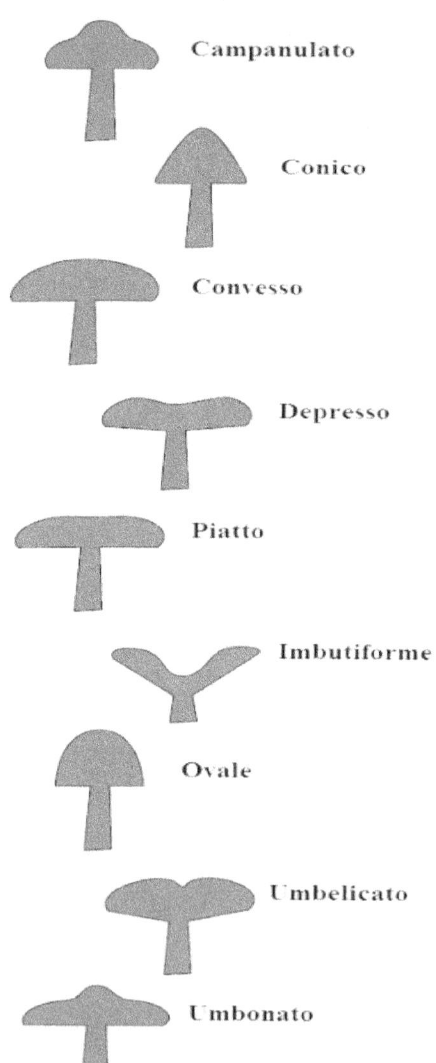

Scheda 1 – Fungo tipico

(con gambo e cappello)

Cosa c'è sotto al cappello :

lamelle   : => scheda 2

tubuli   : => scheda 20

aculei   : => scheda 25

nervature : => scheda 26

Scheda 2 – Fungo lamellato (agaricacee)
(da scheda 1)

Posizione e tipo di gambo :

gambo eccentrico   : => scheda 3

gambo centrale:

- non sfilacciabile : scheda 4
- sfilacciabile   : scheda 5

NB – il gambo non sfilacciabile (tipico di Russule e Lattari) non ha fibre longitudinali e si spezza trasversalmente.

Scheda 3 – Fungo lamellato, gambo eccentrico
(da **scheda 2**)

Margine delle lamelle :

seghettato : Lentinus (S)
intero : con lamellule   : Panus conchatus (S)
      senza lamellule : **Pleurotus e shiitake (C)**

Nessun fungo è velenoso, molti sono immangiabili
perché coriacei e indigesti.

Pleurotus ostreatus   (orecchione)

. cappello, a mensola o conchiglia, liscio, grigio-bruno

. gambo breve, tozzo, laterale, bianco-grigio

. lamelle biancastre, decorrenti, riunite alla base;

. carne bianca, odore e sapore gradevoli

. cresce su faggi, pioppi, salici; autunno-inverno

. la varietà **Colombinus** con il cappello blu cresce
sulle conifere, in inverno

Pleurotus eryngii (orecchione del cardo).

.cresce nei pascoli, sui resti del cardoncello (Eryngium),
MAG-DIC

Pleurotus dryinus (pleurotus della quercia)

. cappello con squame grigio-pallide;lamelle decorrenti, bianche

. residuo di anello; in autunno, sui tronchi di latifoglie

Lentinus edodes   (Shiitake)

. cappello bruno, orlo sottile, ondulato, involuto; gambo laterale, striature verticali verso il piede

. lamelle bifide, erose presso il gambo, tagliente intero, bianco-ocracee

. anello esile, che scompare nel fungo adulto

. carne soda nel cappello, fibrosa nel gambo; odore e sapore gradevole

. cresce in autunno-inverno, sui tronchi di latifoglie

**Scheda 4 – F. lamellato, gambo centrale
non sfilacciabile   da scheda 2)**

Presenza o meno di lattice :

. NO lattice : => **RUSSULE**

. SI lattice : => **LATTARI**

RUSSULE

. **Elementi fondamentali** : lamellato, gambo centrale, non sfilacciabile, NO lattice

. **Altri elementi** : né anello né volva. Lamelle adnate o poco decorrenti; cappello non separabile dal gambo. Crescono nei boschi. Nessun fungo è mortale; quelli tossici provocano disturbi gastroenterici.

Commestibilità :   carne dolce (NON pepata), immutabile al taglio, odore gradevole

Per la commestibilità, tutti e tre questi elementi devono essere positivi (odore gradevole, sapore dolce, colore della carne immutabile); ritenere invece tossico il fungo con odore sgradevole o sapore piccante o carne al taglio annerente.   **Non consumare crude le russule.**

Russule commestibili

. **R. virescens:**   cappello verde-grigio con placche scagliose e screpolature ai bordi; lamelle bianche, carne bianca, inodore, sapore di nocciola

. **R. aurata :** (Colombina dorata), cappello rosso-corallo o giallo-uovo; **lamelle giallo/oro** con tagliente più intenso; carne bianca, inodore;   **non confondere con R. emetica (V), che ha le lamelle bianche.**

. **R. vesca** : manca la cuticola sul bordo del cappello per cui le lamelle sono scoperte per alcuni millimetri, lamelle per lo più biforcate, carne bianca e dolciastra.

. **R. mustelina:** cappello caffè-latte, con bordo liscio, lamelle e gambo color panna, gambo con cavità interne.

. **R. cyanoxanta** : cappello violetto-verde; lamelle bianchissime e molli.

. **R. amoena** : cappello porpora-violetto, cuticola vellutata; gambo violetto, lamelle giallo-crema con tagliente rosso-violetto; **non confondere con R. queletii (V) che ha lamelle con tagliente bianco**

. **R. olivacea** : detta Colombina rossa e gialla, lamelle gialle con tagliente rosso, gambo rossastro nella parte alta : **non confondere con R. queletii (V) che ha lamelle con tagliente bianco**

Russule tossiche (più comuni)

. **R. emetica** : cappello rosso-brillante, **lamelle bianche** (adulto => giallo-crema), gambo bianco, carne rosata sotto la cuticola, **pepata**

. **R. queletii** : lamelle crema con tagliente bianco, gambo rosa-lilla, **sgradevole odore di uva spina**

. **R. foetens** : cappello striato, **odore nauseabondo**

. **R. nigricans** : colore grigio-scuro, lamelle distanti l'una dall'altra, virano al rosso se premute; **carne poco pepata**, diventa rossa e poi **nerastra se tagliata**

LATTARI

. Elementi fondamentali : fungo lamellato, gambo non sfilacciabile, presenza di lattice

. Altri elementi : i Lattari, come le Russule, sono funghi omogenei, lamelle decorrenti, cappello imbutiforme.

Commestibilità : **tipo di lattice** (colore e sapore):

. lattice bianco, pepato   : fungo **TOSSICO**

. lattice rosso, dolce   : fungo **COMMESTIBILE**

In genere il lattice bianco è sempre pepato (una sola eccezione : L. lignyotus che ha lattice bianco e dolce ed è perciò commestibile); il lattice rosso è sempre dolce.

Lattari commestibili

. L. deliciosus : lattario delizioso, lattice rosso-carota che non muta all'aria; lamelle aranciate, decorrenti; gambo sempre cavo; cappello bruno-arancio con macchie grigio-verdi; nei boschi di conifere.

. L. deterrimus: lattice rosso-carota che all'aria diventa rosso-sangue; altre caratteristiche uguali al L. deliciosus

NB – entrambi questi funghi **tingono di rosso le urine**

. L. lignyotus : cappello e gambo bruno-nerastri; lamelle bianche (contrastano col colore del fungo); lattice bianco che all'aria diventa rosa-carnicino, sapore dolce; carne biancastra che all'aria diventa rosata, sapore dolciastro : **unico lattario con lattice bianco dolce (non pepato) ed è perciò commestibile**

Lattari tossici

tutti quelli con lattice bianco pepato

Scheda 5 – F. lamellato, gambo centrale

sfilacciabile   (da **scheda 2**)

Separabilità del cappello dal gambo :

. separabile   : =>   scheda 6

. non separabile : =>   scheda 9

I funghi con cappello separabile dal gambo sono detti **eterogenei,** quelli con cappello non separabile sono detti **omogenei;** i primi hanno le **lamelle libere**, gli altri hanno le lamelle **attaccate al gambo** (adnate, annesse, sinuate, decorrenti, ecc.).

Scheda 6 – Fungo lamellato, eterogeneo

(lamelle libere)   (**da scheda 5**)

Presenza di volva e/o anello :

. senza volva né anello   : =>   **Marasmius** (C)

. solo volva, senza anello :   =>   **Volvarie** (S)

. con volva e anello   :   =>   scheda 7

. solo anello, senza volva :   =>   scheda 8

Marasmius oreades : (C) (gambesecche)

. **Elementi fondamentali :** lamellato, gambo sfilacciabile, lamelle libere, né anello né volva

. **Altri elementi :** gambo tubuloso, duro, sottile; cappello umbonato, camoscio chiaro, lamelle bianco-crema, rade; spore bianche, odore e sapore gradevoli, cresce nei prati dalla primavera all'autunno.

=> utilizzare solo il cappello, gambo immangiabile

=> Altri funghi dello stesso gruppo crescono su detriti vegetali, odore disgustoso; alcuni hanno le lamelle scure e la carne amara.

NB – Scartare le volvarie perché di sapore scadente e per il rischio di confonderle con le Amanite (che però hanno anche l'anello)

Scheda 7 – Fungo lamellato, con volva e anello (Amanite) (da scheda 6)

Colore delle lamelle :

. lamelle giallo/oro   : fungo **commestibile**

. lamelle bianche   : fungo **tossico**

Amanita caesarea : (C)

(ovulo buono)

. **Elementi fondamentali** : gambo sfilacciabile, lamelle libere, volva e anello, **lamelle giallo-oro**

. **Altri elementi** : gambo e anello color giallo-oro; solo la volva è bianca.

. **Attenzione** : è l'unica amanita commestibile (pregiata). Non confondere con A. muscaria (**V**) che però ha volva, gambo, anello e **lamelle bianche**

Amanite a lamelle bianche : (V)

. **Elementi fondamentali** : gambo sfilacciabile, anello e volva, **lamelle bianche** e **libere**

. **Attenzione** : **scartarle TUTTE**, anche se alcune sono commestibili (A. citrina, spissa, ecc.), per evitare confusioni con quelle velenose (A. muscaria, panterina, ecc.) o mortali (A. phalloides, verna, virosa).

NB - Diffidare di tutti i funghi a lamelle bianche

Hanno lamelle bianche anche questi funghi velenosi: Inocybi bianche, Tricholoma pardinum, Clitocybi bianche, Lepiota velenose (helveola, crestata, ecc.)

**Scheda 8 – Fungo lamellato,
con anello, senza volva** (da **scheda 6**)

Colore delle spore e delle lamelle :

. spore brune, lamelle rosee   : **Psalliota**

. spore bianche e lamelle crema : **Lepiota**

. spore nere   : **Coprinus**

PSALLIOTA (prataioli)

. Elementi fondamentali : lamellato, gambo centrale sfilacciabile, lamelle libere, SI anello, NO volva, spore bruno-violette, lamelle rosee (tendono a scurirsi)

. Altri elementi : nessun prataiolo è mortale, alcuni sono tossici ma facilmente risconoscibili o perché hanno uno sgradevole odore di acido fenico (inchiostro) o perché la carne del gambo assume al taglio un colore giallo-cromo; **i prataioli buoni odorano di farina e la carne è immutabile o diventa lentamente rossastra** Cresce nei prati e negli spazi aperti; alcuni nei boschi.

⇨ **i prataioli sono tutti commestibili tranne :**

. P. infida (V)   : odore di inchiostro o acido fenico

. P. xanthoderma (V) : odore di acido fenico; la carne della base del gambo al taglio diventa giallo-cromo

Attenzione :   non confondere i prataioli con questi funghi velenosi :

. **Amanite mortali :** volva, spore e lamelle bianche,

. **Clitocybi bianche :** NO anello, lamelle decorrenti, spore bianche

. **Tricholoma tossici:** NO anello, lamelle adnate, spore bianche

. **Entoloma livido :** NO anello, lamelle adnate , spore rosa

. **Hebeloma :** NO anello, lamelle adnate, spore ocra

. **Inocybe di Patouillardi:** NO anello, lamelle annesse, odore di muffa

La possibile confusione con **Hebeloma radicosum** (unico Hebeloma con anello) non è rischiosa perché trattasi di fungo non tossico ma solo scadente. Però un'attenta osservazione di questo fungo può evitarne la confusione con il Prataiolo :

. gambo fusiforme, con appendice radicosa, con scaglie brunastre rivolte verso l'alto

. cuticola cappello ricoperta da squame più scure

. odore di mandorle amare anzicchè odore di farina

Non è dannosa la confusione con due funghi con **lamelle adnate** (non libere) e con anello, perché sono entrambi commestibili : **Pholiota grinzosa** (rozites) che ha spore rossicce e **Stropharia** che le ha spore nere.

LEPIOTA

. Elementi fondamentali : gambo sfilacciabile, lamelle libere, SI anello, NO volva, spore bianche, lamelle crema

. Altri elementi : alcune sono commestibili ed altre velenose. Le commestibili (macrolepiota procera, ecc.) hanno queste caratteristiche :

. anello mobile (scorrevole sul gambo)

. gambo bulboso (ingrossamento alla base)

. odore gradevole

. grandi dimensioni

Macrolepiota procera (C) (mazza di tamburo)

- gambo bulboso alla base, tigrato in avorio e marrone chiaro, screziato, cavo
- anello con doppio bordo, scorrevole sul gambo; lamelle bianco-avorio, libere
- cappello con mammellone scuro al centro (umbone), chiuso a mazza di tamburo nel fungo giovane, raggiunge grandi dimensioni
- cuticola squamosa, scaglie color marrone su fondo bianco-crema
- carne bianca, odore gradevole

NB – sono commestibili anche Macrolepiota rhacodes, L. puellaris e L. escoriata, **sono invece velenose per sindrome parafalloidinica L. helveola, L. crestata, ecc.**

LIMACELLA (C)

. Elementi fondamentali : fungo lamellato, gambo centrale sfilacciabile, lamelle libere, SI anello, NO volva, spore bianche, lamelle crema; in pratica ha le stesse caratteristiche delle Lepiota (spore bianche e **lamelle crema**, ma **non ha le squame sul cappello**).

. Altri elementi : cuticola viscida con il tempo umido, carne soda, bianca, odore di farina; boschi di conifere.

> ➤ **Attenzione** : non confondere con le Amanite che però hanno **volva** e **lamelle bianche.**

COPRINUS Comatus (C)

. Elementi fondamentali : fungo lamellato, gambo centrale sfilacciabile, lamelle libere, SI anello, NO volva, spore bianche, le lamelle, bianche nel fungo giovane, diventano nere deliquescenti nell'adulto.

. Altri elementi : cappello a campana, con squame, gambo cavo e spugnoso

Il fungo è molto delicato; raccogliere solo esemplari con lamelle bianche e staccare subito il cappello dal gambo. **Inconfondibile.**

Scheda 9 – Fungo lamellato, omogeneo, con cortina (da scheda 5)

Presenza di cortina (o tracce di cortina):

. SI　:　=> **CORTINARI**

. NO　:　=> scheda 10

CORTINARI

. **Elementi fondamentali :** gambo centrale sfilacciabile, lamelle attaccate, presenza del velo cortinario (cortina) nel fungo giovane.

. **Altri elementi :** NO volva, alcuni hanno tracce di anello.　I cortinari hanno le **spore color ruggine**, tranne **Leucortinarius bulbiger che le ha bianche**.

Attenzione : Il gruppo comprende molte specie. Pochi sono i commestibili; alcuni sono molto velenosi (sindrome citotossica a carico dei reni, **nefrosi tossica**).

⇨ **Si sconsiglia il consumo dei cortinari a chi non è già esperto**

Per non rischiare con i cortinari:

. Scartare tutti quelli **totalmente viscidi**

. Scartare tutti quelli che hanno **odore sgradevole**

. Scartare tutti quelli che hanno la **carne giallo-rossastra o giallo-bluastra,** anche se con odore gradevole o inodori ed anche se non sono viscidi. Tra questi ci sono C. orellanus e C. speciosissimus

. Ritenere commestibili solo quelli che hanno odore gradevole e carne bianca immutabile (C. varius e Leucortinarius bulbiger)

Cortinarius Orellanus : (V)

. lamelle color cannella, debolmente decorrenti, **rade**

. gambo giallo-oro, **carne giallo-zafferano, inodore**

. cresce nei boschi di latifoglie

Cortinarius Speciosissimus : (V)

. gambo con tipiche zebrature gialle

. carne giallo-rossastra, inodore

. cresce nei boschi di conifere

Cortinarius Varius : (C)

. cappello da ocra pallido a nocciola; lamelle violette che diventano bruno-rossicce

. gambo bianco, claviforme, con residui di cortina; **carne bianca**, soda, compatta, **immutabile**, inodore

. cresce nei boschi di conifere, in AGO-OTT

Leucortinarius bulbiger : (C)

. cortina bianca, gambo bulboso alla base

. spore biancastre, le lamelle si mantengono biancastre

. **carne bianca**, molle, inodore, **immutabile**

. cresce nei boschi di conifere

> ➢ **Attenzione**

I cortinari privi di cortina possono essere confusi, a meno del L. bulbiger, con gli Hebeloma (V) e con il Paxillus (V) che hanno le spore ocra e non hanno l'anello. Anche i Pholiota (rozites) hanno le spore ocra ma sono dotati di anello.

⇨ **evitare tutti i funghi con spore ocra o rossicce e senza anello**

**Scheda 10 – Fungo lamellato, omogeneo,
senza cortina   (da scheda 9)**

Presenza dell'anello :

.SI : => scheda 11

.NO : => scheda 14

**Scheda 11 – Fungo lamellato, omogeneo,
con anello (da scheda 10)**

Fungo arboricolo (chiodino) o terricolo :

. fungo arboricolo : => scheda 12

. fungo terricolo   : => scheda 13

**Scheda 12 – Fungo lamellato omogeneo,
con anello, chiodino   da scheda 11)**

Colore delle spore :

. bianco-crema   : **Armillaria mellea**

. rossicce   : **Pholiota**

Molti chiodini sono TOSSICI.
Evitare quelli che hanno: **carne giallo-zolfo, lamelle
scure, odore sgradevole, sapore amaro e che non
hanno l'anello.**

Armillaria mellea : (C) chiodino buono

. Elementi fondamentali : gambo centrale sfilacciabile, lamelle attaccate al gambo, con anello, spore bianco-crema

. Altri elementi :

. lamelle bianco-rosee o giallo-rossastre, anello chiaro, **odore gradevole**

. cuticola giallo-miele che diventa bruno-olivastra, squamette bruno-scure

. gambo cavo, fibroso, striato sopra l'anello

. carne biancastra, fibrosa quella del gambo

> **Attenzione** : è tossico se raccolto dopo una gelata, si consiglia prebollitura

=> non confondere con **Clitocybe tabescens,** pure commestibile, con **carne biancastra e che però non ha l'anello**

=> non confondere con **Clitocybe olearia (V) che oltre a non avere l'anello ha anche la carne gialla.**

Pholiota aegerita: (C) piopparello

. **Elementi fondamentali** : gambo sfilacciabile, lamelle attaccate al gambo, con anello, arboricolo, spore rossicce (marrone-tabacco)

. **Altri elementi :**

. lamelle adnate, fitte, biancastre =>brunastre (adulto)

. anello bianco,

. cappello biancastro-ocraceo, centro più scuro

. **gambo** sodo, fibroso, **pieno**, bianco-serico, liscio, appuntito alla base

. **carne bianca**, soda, **odore e sapore gradevole**,

. non teme il gelo, esclusivamente su pioppi e salici

Pholiota mutabilis : (C)

. **Elementi frondamentali :** gambo sfilacciabile, omogeneo, con anello, arboricolo, spore rossicce

. **Altri elementi** :
. cappello color cannella, bordo igrofano, umbone centrale più scuro, screpolature lungo i bordi

. lamelle fitte, poco decorrenti, giallastre => brunastre)

. **carne biancastra, sapore e odore gradevoli**

. cresce su legno di latifoglie, specialmente sui faggi

Scheda 13 – Fungo lamellato. omogeneo, con anello, terricolo (da scheda 11)

Colore delle spore :

. rossicce : **pholiota**

. bianche : **cystoderma**

. nere : **stropharia**

Pholiota grinzosa . (C)
(rozites caperata)

. Elementi fondamentali : gambo sfilacciabile, lamelle attaccate al gambo, con anello, terricolo, spore rossicce

. Altri elementi :

. lamelle adnate, bruno-chiare, carne biancastra

. cappello lilla => giallastro, grinzoso, con effetto spruzzo di "talco"

. gambo carnoso, sodo, pieno, anello persistente

. cresce nei boschi misti, in terreni acidi

Stropharia ferrii : (C)

. **Elementi fondamentali** : fungo lamellato, gambo centrale sfilacciabile, lamelle attaccate al gambo, anello, fungo terricolo, spore nere

. **Altri elementi :**

. lamelle adnate bruno-porpora => scure nell'adulto

. cappello in genere viscido

. commestibile ma non eccellente, specialmente la stropharia verde-rame

=> può essere confuso con Psalliota (prataiolo) che però ha le lamelle libere, le spore rossicce e non è mai viscido

Scheda 14 – Fungo lamellato omogeneo, lamelle cerose (da scheda 10)

Tipo di lamelle :

. lamelle cerose   : **Hygrophorus**

. lamelle non cerose : => scheda 15

Hygrophori (igrofori)

. Elementi fondamentali : gambo sfilacciabile, lamelle attaccate, senza anello, lamelle cerose

. Altri elementi :

. lamelle di aspetto ceroso, spesse, rade, poco o molto decorrenti sul gambo (non libere), assenza di anello e volva; **spore bianche;**

. nessun fungo tossico, **scartare quelli con odore sgradevole**

. alcuni sono micorrizici e perciò crescono nei boschi, hanno lamelle decorrenti e gambo pruinoso nella parte alta.

. altri crescono nei pascoli e nei prati; possono avere lamelle decorrenti e colori poco vivaci, oppure hanno lamelle sinuate e colori vivaci, carne acquosa,delicati e fragili ; questi possono essere confusi con i tricholoma

Attenzione :

. il mancato riconoscimento di un Hygrophorus **(lamelle spesse e cerose)** può farlo confondere con il Paxillus o, se con lamelle poco decorrenti, con l'Hebeloma o l'Entoloma, ma nessuno di questi funghi ha le **spore bianche**.

. la confusione con il Tricholoma pardinum è impossibile;

. scartando quelli con odore sgradevole si evita la confusione con altri Tricholoma non commestibili per il sapore amaro della carne.

NB - alcuni igrofori hanno lamelle bianche e possono sembrare amanite, ma le Amanite hanno lamelle libere mentre gli igrofori hanno lamelle attaccate al gambo; le Amanite hanno anello e volva, gli igrofori non hanno né anello né volva. Inoltre le lamelle degli igrofori sono **cerose; questo particolare li fa distinguere anche da altri funghi omogenei con lamelle bianche.**

Hygrophorus marzuolus: (C)

. cappello carnoso, grigio perla che diventa grigio scuro nell'adulto, bordo ondulato ed involuto

. lamelle decorrenti, bianche, grigiastre nell'adulto, alcune sono biforcate; carne compatta, inodore

. gambo tozzo, pieno, leggermente obliquo, grigiastro

. a primavera nei boschi di conifere e misti, tra muschi e foglie, anche sotto la neve.

Hygrophorus caprinus : (C)

.fibrillature su gambo e cappello; lamelle spesse, distanziate, unite da nervature, poco decorrenti, bianche che tendono a giallastre, con tagliente grigio-nerognolo

. cappello grigio-fuliginoso; carne bianca, tenera, odore di muffa

. gambo robusto, claviforme, grigiastro, più chiaro alla base dove è ricoperto da micelio fioccoso

. cresce nei boschi di conifere, AGO-OTT

Hygrophorus poetarum : (C)

.lamelle bianche, poco decorrenti, distanziate e spesse

. gambo pieno, incurvato, affusolato, pruinoso in alto

. carne bianca, odore e sapore delicato;

. tutto il fungo è di colore chiaro, sul crema

. cresce nei boschi di faggi e querce, SET-NOV

NB – appartiene al gruppo degli Hygrophori di bosco anche il falso gallinaccio (Hygrophoropsis aurantiaca) che spesso viene confuso con il cantharellus cibarius. Ha lamelle vere (non pliche o nervature), decorrenti e biforcate, colore più scuro del C. cibarius, la base del gambo invecchiando diventa bruno-nerastra. In AUT solo nei boschi di conifere ed è **commestibile**

Hygrophorus punicea : (C)

. lamelle adnate, giallo-arancio, con tagliente giallo

. gambo lungo, rosso-arancio, biancastro alla base

. cappello rosso vivace, conico-campanulato umbonato, col tempo diventa giallognolo

. non diventa nerastro con l'età né col tatto

. cresce nei prati e zone erbose dei boschi, in AGO-NOV

Hygrophorus pratensis : (C)

. cappello a campana larga, con umbone centrale color
nocciola chiaro

. lamelle decorrenti, color nocciola chiaro

. gambo affusolato alla base

. nei prati e pascoli di montagna in autunno (SET-NOV)

Scheda 15 – F. omogeneo, NO anello,
(da scheda 14)

Tipo di lamelle :

. decorrenti   : => scheda 16

. adnate/sinuate : => scheda 17

Scheda 16 – Fungo lamellato, NO anello,
lamelle decorrenti   (da scheda 15)

Colore delle spore :
. nerastre   : **gomphidius**
. bruno/ocracee   : **paxillus**
. biancastre   : **clitocybe, lepista**

Gomphidius glutinosus : (C)

. Elementi fondamentali : gambo centrale sfilacciabile, NO anello, lamelle non cerose, decorrenti, spore nerastre

. Altri elementi :

. cuticola viscida (velo mucillaginoso); cappello color cioccolata, glassato;

. spore nerastre, lamelle decorrenti, cenere => nere; gambo biancastro, sodo, cilindrico, giallastro alla base

. resti di velo mucillaginoso tra gambo e cappello; carne bianca, con sfumature rosate ai margini, molle; al taglio diventa gialla nella parte inferiore del gambo

. nei boschi di conifere; simile e buono è il **gomphidius rutilus o helveticus**

Paxillus : (V)

. Elementi fondamentali : gambo centrale sfilacciabile, senza anello, lamelle non cerose decorrenti, **spore bruno-ocracee**

. Attenzione : fungo velenoso, spesso mortale

. carne gialla che diventa marrone al taglio

. lamelle giallognole che diventano marrone se premute

. imbutiforme, gambo e cappello bruno-oliva

Clitocybi

. **Elementi fondamentali :** gambo centrale sfilacciabile, senza anello, lamelle decorrenti, **spore bianco-rosate**

. **Altri elementi :** tutte hanno lamelle fitte e decorrenti e spore bianco-vetrose; alcune sono commestibili ed altre molto velenose.

Descrizione di alcune Clitocybi

Clitocybi bianche : (V)

. piccola taglia, aspetto gessoso, velo farinoso sul cappello

. lamelle bianche, anche nel fungo adulto, spore bianche

. **tutte velenose (sindrome muscarinica)**

Clitocybe olearia : (V) (fungo dell'olivo)

. carne gialla; odore sgradevole, cappello imbutiforme,

. lamelle giallo-zolfo, fitte, gambo più sottile alla base

. è un fungo lignicolo, cresce in gruppi ai piedi delle piante (olivi ma anche altre latifoglie, mai conifere)

NB – non confondere con **C. cibarius (C)** che però **ha nervature** e non lamelle vere ed inoltre ha un odore gradevole.

Clitocybi commestibili

. non sono di piccola taglia

. mai cappello bianco (tranne C. gigantea che però è molto grande)

. consumare le Clitocybi commestibili solo dopo prebollitura

Clitocybe gigantea : (C)

. ha le stesse caratteristiche delle Clitocybi bianche velenose ma è di grossa taglia (fino a 40 cm)

. l'unica Clitocybe commestibile con cappello bianco

Clitocybe infundibuliformis: (C) (imbutino)

. **cappello crema/bronzo chiaro**, adulto **imbutiforme**, con margine involuto

. lamelle biancastre, fitte e decorrenti sul gambo

. gambo: stesso colore delle lamelle (bianco-crema), un poco bulboso alla base, né volva né anello

. **carne bianca**, consistente, sapore aromatico (odore di mandorle)

Clitocybe geotropa : (C)

. **cappello giallo-ocraceo,** imbutiforme nell'adulto, poco sviluppato nel fungo giovane

. lamelle crema, fitte e decorrenti. Bifide

. gambo grosso, né volva né anello, lanuggine bianca al piede,

. carne prima bianca, poi crema, sapore dolce e gradevole, odore di mandorle

. consumare solo esemplari giovani, dopo prebollitura

Clitocybe clavipes : (C)

. **cappello bruno-grigio,** non imbutiforme, con sfumature più chiare ai margini

. gambo clavato alla base, spugnoso, più chiaro del cappello, base con micelio fioccoso

. lamelle bianco-crema che diventano gialle, decorrenti, basse e grosse, rade

. carne biancastra, tenera, igrofana, buon sapore e odore

Clitocybe tabescens : (C)

. cresce in cespi di molti esemplari sui ceppi legnosi

. lamelle giallo-crema, annesso-decorrenti

. gambo slanciato, liscio fibrilloso, assottigliato in alto, più chiaro verso il cappello, brunastro alla base

. carne biancastra nel cappello, rossastra nel gambo, sapore dolciastro, odore gradevole

. **può essere confuso, senza conseguenze, con Armillaria mellea che però è provvista di anello (le Clitocybi non hanno anello)**

. **non confondere con . C. olearia (V) che però ha carne gialla.**

Lepista

. **Elementi fondamentali :** gambo sfilacciabile, senza anello, lamelle decorrenti , **spore bianco-rosate**

. **Attenzione : scartare i funghi di questo gruppo per la possibile confusione con i cortinari. Da segnalare solo il Clitopilus (detto anche falso prugnolo)**

Clitopilus : (C) (falso prugnolo)

. gambo corto, leggermente eccentrico

. lamelle bianche => rosate, molto decorrenti

. carne bianca, tenera, friabile; spore rosa

. cappello bianco-grigiastro, viscido con l'umido, vellutato con il secco, lobato, ondulato, imbutiforme

. boschi e radure in **AGO-OTT**, zone del porcino

⇨ **non confondere il falso prugnolo con :**

. **Entoloma livido :** lamelle non decorrenti ma adnate

. **Clitocybi bianche :** spore bianche, lamelle bianche

. **Inocybe Patouillardi :** spore bruno-nerastre, lamelle adnate

NB - può essere confuso, senza conseguenze, con il **Tricholoma georgii** che però ha spore bianche, lamelle bianco-giallastre **poco decorrenti,** mai viscido e cresce nei pascoli e zone aperte a **primavera**

Scheda 17 – Fungo lamellato, senza anello, lamelle adnate   (da scheda 15)

Colore delle spore :

. bianche : => scheda 18

. rosa   : ENTOLOMA (V)

. scure   : => scheda 19

Entoloma livido (V)

. Elementi fondamentali : gambo sfilacciabile, NO anello, lamelle non cerose, adnate, **spore rosa**

. Altri elementi :

. lamelle rade, rosate, adnate con dentino, giallastre (rosa-carnicine nell'adulto)

. gambo spugnoso; odore nauseabondo (fungo adulto)

. cresce in LUG-OTT, in boschi e radure

Scheda 18 – Fungo lamellato, NO anello, omogeneo, spore bianche

(da scheda 17)

Tipo di gambo :

. carnoso : **Tricholoma**

. sottile, fragile, duro : **Mycena, Collybia, Laccaria**

Tricholoma

. **Elementi fondamentali :** gambo sfilacciabile, NO anello, lamelle adnate, **spore bianche, gambo carnoso**

. **Attenzione :** in questa famiglia di funghi l'unico commestibile (pregiato) è il Tricholoma georgii (spinaruolo, prugnolo, fungo saetta) (**C**) che ha:

. spore bianche, come tutti i tricholoma

. cappello bianco-panna-crema, leggermente eccentrico, margine involuto, spesso lobato

. lamelle bianco-giallastre, con tagliente un po' ondulato, fitte, smarginate, spesso bifide verso il gambo

. carne bianca, soda, odore di farina

. cresce **esclusivamente a primavera,** negli spazi aperti, nei cerchi delle streghe (erba più verde)

. difficile confonderlo con gli Igrofori che hanno invece lamelle cerose, rade e decorrenti

. la confusione con Clitopilus (falso prugnolo) è solo teorica perché questo fungo non è primaverile ma lo si trova nelle zone del porcino da AGO a OTT, ha le spore rosa, lamelle bianco-rosate molto decorrenti ed è comunque commestibile

⇨ Evitare tutti gli altri Tricholoma, soprattutto **il T. tigrinum (o pardinum) (V) che ha :**

. spore bianche come gli altri tricholoma

. lamelle bianche e gambo bianco

. cappello grigio-bruno coperto da squame, larghe e disposte concentricamente

. carne bianca, odore di farina e sapore gradevole

. è molto pericoloso   (forti dolori di stomaco)

NB - a questo gruppo, con gambo non carnoso ma sottile , fragile o duro (vedi scheda) appartengono molti funghi principalmente di piccola taglia **(Mycena, Collybia, Laccaria)** e spesso velenosi. **Scartare tutti.**

**Scheda 19 – lamellato, NO anello, lam. adnate,
spore scure   (da scheda 17)**

Colore delle spore :

. bruno/nerastre : **Inocybe**

. bruno/violette   : **Hypholoma**

. bruno/ocracee   : **Hebeloma**

. **Elementi fondamentali :**   gambo sfilacciabile, NO anello, lamelle adnate, **spore scure,**

. **Attenzione : sono tutti funghi velenosi**

. **Alcuni sono sono allucinogeni**

. **Hypholoma è un chiodino giallo tossico**

. **Hebeloma :** cuticola viscosa, lamelle scure, odore di rapa

NB - Hebeloma radicosum ha l'anello, odora di mandorle amare e può confondersi con Psalliota (che però odora di farina , non ha il gambo a forma di radice ed ha le lamelle libere)

Scheda 20 – Fungo con tubuli
(da **scheda 1**)

Separabilità dei tubuli :

. separabili dal cappello   : =>   scheda 21

. non separabili dal cappello : =>   scheda 24

Scheda 21 –Fungo con tubuli separabili - Boleti
(da **scheda 20**)

Carne al taglio :

.   Non cambia colore : =>   scheda 22

. Cambia colore   : =>   scheda 23

Scheda 22 – Boleti con carne al taglio immutabile
(**da scheda 21**)

Nessun boleto è mortale, ma tra quelli a pori rossi alcuni sono velenosi. Chi non vuole correre rischi può evitare tutti i boleti la cui carne all'aria cambia colore **e vira al blu**: tra questi ci sono anche i boleti a **pori rossi**

Colore dei pori :
. bianco/gialli o verde/oliva : fungo commestibile
. ruggine o carnicini   : fungo da scartare

Boleti commestibili

. **Elementi fondamentali** : fungo con tubuli facilmente separabili dal cappello, colore dei pori bianco-gialli o verde-oliva, carne immutabile al taglio

. **Altri elementi** : sono moltissimi i funghi commestibili,

(B. edulis, B. pinicola, B. reticulatus, B. aereus,

B. regius, B. castaneus, B. impolitus, ecc.)

I migliori sono quelli che hanno la carne bianca immutabile.

Attenzione : appartengono a questo gruppo (carne immutabile al taglio, ma hanno pori ruggine o carnicini) anche due funghi da scartare :

. **B. pepatus** : fungo color cannella, **pori color ruggine**, carne giallo-oro, immutabile, inodore; ha un sapore aspro e pepato

. **B. tylopilus felleus:** porcino del fiele, **pori carnicini**, carne giallognola immutabile, sapore amaro

Scheda 23 – Boleti, carne al taglio cambia colore
(da **scheda 21**)

Colore dei pori :

. pori rossi   : fungo velenoso

. pori gialli o verde/oliva   : fungo da scartare

> ➤ **Attenzione** : tra i porcini che virano al **blu** vi sono quelli a **pori rossi e tra questi alcuni sono tossici (B. satanas, B. satanoides);** tra i boleti che non hanno i pori rossi e la cui carne vira lentamente ad azzurro o altro colore ve ne sono alcuni commestibili (B. dorato, B. baio, B. bovino, B. vulpinus, Porcinello rosso, Porcinello grigio, ecc) ma se non li si conosce attenersi alla regola di sicurezza :
>
> ⇨ **Commestibili :** solo i porcini con **carne bianca immutabile**
>
> ⇨ Evitare tutti i porcini che **virano al blu**
>
> ⇨ Ritenere **TOSSICI** i porcini con **pori rossi**

Scheda 24 –Tubuli non separabili dal cappello (Polyporacee) (da scheda 20)

. Elementi fondamentali : tubuli non separabili

. Altri elementi :

. molti sono arboricoli, a mensola, superficie vellutata.

. né anello né volva; senza gambo o gambo corto laterale.

. molti immangiabili perché di consistenza coriacea

. nessun fungo è tossico.

Polyporus ovinus (C)

. cappello di forma irregolare, lobato, ondulato, camoscio chiaro; cuticola (non staccabile) spesso screpolata in zone irregolari; tubuli prima bianchi poi giallini, pori tondi e piccoli

. gambo centrale o poco eccentrico, bianco con macchie avorio; spore di colore bianco-avorio

. carne bianca, compatta, buon sapore e odore;

. cresce nei boschi di montagna (conifere), in estate-autunno, ogni fungo cresce per conto suo (non in gruppi) Consumare solo esemplari giovani.

➢ **Attenzione :** non confondere con :

P. cristatus (S) : cappello bruno-verdastro, **carne amara**, pori decorrenti

P. confluens (S) : cresce a gruppi confluenti alla base in modo da formare un unico cespo di molti individui, sapore acidulo e **amarognolo**, può avere azione **purgativa**, andrebbe prebollito, con la cottura la carne assume una tinta rossastra

E' facile confonderlo con **P. pes-caprae** (forma a piede di capra) la cui carne si colora di rosa all'aria, ed i pori da ocracei diventano grigio-verdi se premuti. Anche questo fungo è **commestibile**.

Fistulina epatica (C) (lingua di bue)

. a forma di ventaglio con punto di attacco molto stretto, gambo laterale, non evidente

. tubuli completamente liberi (negli altri: saldati tra loro) sono separabili l'uno dall'altro, giallognoli, pori tondi che diventano rossastri se strofinati; spore ocra-pallido

. colore rosso-sangue, simile ad una massa carnosa

. sapore acidulo, se compresso emette liquido rossastro

. sui tronchi di querce e castagni, in estate-autunno

Grifola frondosa (C)

. piccoli sottili lobi, bruno-grigiastri, formati a ventaglio

. picciolo biancastro verso la base comune; polvere sporica bianca;

. pori decorrenti, irregolari, bianchi

. carne bianca delicata

Grifola umbellata (C)

. simile alla G. frondosa, ma di colore bruno-giallastro

. ogni cappellino è ombelicato-depresso, con fine striatura radiale sulla superficie

. corpo bulboso, nerastro alla base

Scheda 25 – Fungo con aculei (idnacee)
(da scheda 1)

Il gruppo comprende molte specie lignicole ma di scarso interesse. Tra le specie terricole è interessante solo **Hydnum repandum (C)** (steccherino dorato) che ha le seguenti caratteristiche :

. aculei di colore giallo-pallido, fragili

. gambo tozzo, giallo-biancastro

. carne biancastra, al taglio diventa giallognola

. polvere sporica bianca

. sapore leggermente amarognolo

. cresce nei boschi, nel periodo GIU-OTT

. gli esemplari vecchi non sono più commestibili

. si consiglia una leggera bollitura prima di utilizzarli

. prima di cuocerli eliminare gli aculei perché sono amari.

NB – a prima vista questo fungo può essere confuso (ma senza conseguenze) con **Cantharellus cibarius** (schede 4-11-12) che però ha pliche o nervature decorrenti e non aculei, ed inoltre ha la forma ad imbuto.

Scheda 26 – Fungo con nervature/pliche
(cantharellus) (**da scheda 1**)

Tipo di gambo (cavo o pieno) :

. gambo cavo : => scheda 27

. gambo pieno : => scheda 28

NB - questi funghi non hanno lamelle vere ma pliche o nervature, decorrenti, ramificate o biforcate; sono imbutiformi; non hanno anello né volva; hanno spore bianco-vetrose (ialine); crescono nei boschi; nessun fungo è tossico.

Scheda 27 – F. con nervature, gambo cavo (cantharellus) (da scheda 26)

Colore del cappello :

. giallo/arancio   : **cantharellus friesii**

. bruno/castano   : **cantharellus lutescens**

. grigio   : **cantharellus tubaeformis**

Questi funghi sono tutti commestibili anche se non invitanti.

C. friesii   (C):   parte bassa del gambo più chiara; cresce nei boschi di faggi e conifere, GIU-NOV

C. lutescens (C) : (finferla), giallo-arancio sotto il cappello ; gambo schiacciato, giallo brillante, con nuance rosa-salmone; carne soffice, bianco-crema, sapore dolce; in autunno, nei boschi di conifere, a gruppi.

C. tubaeformis (C) : nel cappello ha un foro verso il gambo; cappello rugoso; pliche giallastre che in seguito diventano grigie; carne bianca, inodore; GIU-NOV nei boschi misti.

Scheda 28 – F. con nervature, gambo pieno
(cantharellus (da scheda 26)

Colore del cappello :

. grigio   : **cantharellus carbonarius**

. rosa/violaceo   : **canthrellus clavatus**

. giallo/uovo   : **cantharellus cibarius**

Nessun fungo è tossico, ma non bisogna confonderli con funghi simili

C. clavatus (C) : (orecchie d'orso**)**, ha la forma di cuneo rovesciato; pliche ondulate, irregolari; carne bianca; EST-AUT, nei boschi misti

C. cibarius (C) : (gallinaccio), odore di albicocca, carne bianco-giallastra, gradevole; gambo dello stesso colore del cappello; MAG-OTT, boschi di latifoglie e conifere.

Attenzione : non confondere con :

    ⇨ **Paxillus involutus (V) :**

. spore bruno-ocracee, **non bianche**

. carne gialla, che diventa **marrone al taglio**

. ha **lamelle vere**, fitte, si staccano facilmente dal cappello

. le lamelle diventano **marrone se premute**, presenza di lamellule

⇨ **Clitocybe olearia (V) :**

. lamelle vere, sottili, fitte, separabili dal cappello, numerose lamellule

. cappello più scuro (rosso-brunastro) del gambo

. base del gambo appuntita e brunastra (nell'adulto)

. cresce in gruppi, presso ceppaie di latifoglie, mai di conifere

H. aurantiaca (S) (falso gallinaccio)

. lamelle vere, sottili, facilmente separabili dal cappello

. parte bassa del gambo (fungo adulto) bruno-nerastra

. carne di sapore amarognolo, allappante

. cresce nei boschi di conifere, mai di latifoglie

CRATERELLUS (C) :

questo fungo noto come **trombetta dei morti**, come il Cantharellus , ha pliche e non lamelle vere. Forma di tromba, vellutato all'interno, con venature e striature scure all'esterno. Gambo cavo, nerastro, sottile alla base. Colore spore grigio-scuro. SET-NOV, nei boschi di faggi e querce. Buon commestibile nonostante l'aspetto.

Scheda 29 – Funghi atipici

(senza gambo e cappello)

Molti funghi atipici (senza gambo e cappello) sono di scarso interesse per il cercatore (a parte i tartufi). Segnaliamo perciò solo i più comuni (vesce, spugnole, ditole, clavarie, sparassis)

. **VESCIA** (sferica , con o senza peduncolo):

vescia perlata : **(C)** ricoperta da aculei conici, gambo corto e pieno, **carne bianchissima e molle**

vescia a scacchi : **(C)** parte esterna ricoperta da verruche, gambo corto, **carne bianca e molle**

vescia gigante (bovista) : **(C)** può raggiungere dimensioni enormi (fino a 50 cm); **carne bianca e molle**, senza gambo (le Boviste non hanno gambo e sono lisce, prive di aculei e di squame)

. **Attenzione :** l'unica vescia velenosa è **Scleroderma citrinum (V):**

. superficie esterna giallastra, con squamette; senza gambo, ciuffo radicante

. **carne biancastra che diventa poi grigio-lilla e poi nerastra con venature biancastre**

. **carne molto soda e con odore sgradevole**

. cresce nei boschi e nei campi

NB – tagliare sempre le vesce, sia per controllarne la freschezza (carne bianca), sia per accertarsi che non si tratti di un'amanita nascente (in tal caso si vede all'interno il fungo in formazione).

SPUGNOLA

(fungo a forma di spugna)

Morchella esclulenta : (C) (spugnola maggiore)

. corpo rotondeggiante o tronco-conico, gambo ingrossato alla base e rugoso-scanalato

. alveoli ampi ed irregolari, somiglia molto ad una spugna

. colori da giallo-arancio a giallo-bruno

. cresce nei boschi, MAR-MAG

Morchella conica : (C) (spugnola conica)

. cappello di forma conica, costature longitudinali più marcate delle striature trasversali

. colore grigio-chiaro o rosa pallido che tende al bruno

. nei boschi di abete bianco, MAR-MAG

Gyromitra esculenta : (V) (falsa spugnola)

. **cappello bruno-rosso**, **superficie cerebriforme**
(circonvoluzioni cerebriformi)

. gambo tozzo, biancastro

NB – per tutte le morchelle commestibili, ad evitare rischio di vertigini, è consigliabile una bollitura per eliminare le tracce di acido elvelico presente in questi funghi; buttare l'acqua di bollitura.

DITOLA

(fungo con fitte ramificazioni)

Ramaria aurea : (C) (ditola dorata o manina)

. **tronco bianco, rami giallo-oro, punte giallo-oro**,
diramazione finale coralliforme

. carne e spore bianche

Ramaria mairei : (V)   (ditola pallida)

. tronco bianco, **rami giallo-grigiastri, punte lilla-pallido**

. carne bianca, leggermente amara : provoca coliche e violento effetto diarroico

Ramaria formosa : (V) (clavaria elegante)

. ramificazioni sottili, cilindriche, allungate, ramificate

. estremità bifide o forcate, giallo-limone

. carne bianca che al taglio vira al rosa; disturbi gastrici

ALTRI Funghi atipici

Clavaria pistillaris : (S)   (mazza d'Ercole)

. forma di clava, completa, superficie liscia leggermente solcata longitudinalmente, carne amara

Clavaria truncatus : (C)   (mazza troncata)

. forma a fico schiacciato, superficie rugosa, carne dolce

Sparassis crispa : (C)   (cavolfiore)

.   carpoforo   sodo,   giallastro,   ramificazioni   piatte, ondulate, intrecciate, carnose

. carne con sapore gradevole, odore di noce

. nei boschi di conifere, sui tronchi o ceppaie in autunno

. consumare solo carpofori giovani

NB – sui tronchi di querce cresce la Sparassis laminosa (a prima vista simile alla Grifola umbellata)

Scheda 30 - Colore della polvere sporica

dei funghi più comuni

Per osservare il colore delle spore prendere un fungo adulto, tagliare il gambo all'altezza del cappello, mettere due cartoncini, uno nero ed uno bianco, affiancati, su un piano , in un posto non ventilato, adagiare il cappello del fungo capovolto sui due cartoncini in modo che metà del cappello si trovi sul cartoncino nero e l'altra metà sul cartoncino bianco e lasciare indisturbato il fungo per almeno 12 ore. Sollevare delicatamente il cappello dai cartoncini ed osservare il colore della polvere sporica caduta dal fungo.

Bianca : Amanita, Armillaria, Cantharellus, Clitocybe, Hygrophorus, Lattari e Russule, Lepiota, Leucocortinarius, Marasmius, Pleurotus, Tricholoma

Ocra : Cortinari, Paxillus, Hebeloma, Pholiota, Rozites

Rosa: Clitopilus, Entoloma, Lepista, Pluteus, Volvaria

Marrone : Gomphidius, Hypholoma, Inocybe, Psalliota, Stropharia

Nera: Coprynus

Avvelenamento da funghi

Principali informazioni relative ai più frequenti avvelenamenti da funghi.

Sindrome falloidea : **citossica** (può essere mortale)

. latenza : 6-18 ore

. sintomatologia : gastrointestinale in una prima fase, insufficienza epatica acuta nella seconda fase

. funghi responsabili : Amanita falloide, Amanita verna, Amanita virosa, Lepiote piccole

Sindrome orellanica : **citossica** (può essere mortale)

. latenza : 4-36 ore

. sintomatologia : inizialmente gastrointestinale, poi leggera remissione e manifestazione, anche dopo 20 giorni, di grave insufficienza renale

. funghi responsabili : Cortinarius orellanus, Cortinarius speciosissimus, Cortinarius splendens

Sindrome giromitrica :citossica (può essere mortale)

. latenza : 6-12 ore

. sintomatologia : gastrointestinale, lesioni epatiche con ittero e possibili disfunzioni renali, disturbi nervosi (sonnolenza e convulsioni) fino al coma ed alla morte per collasso cardiocircolatorio.

. funghi responsabili : Geromitra esculenta

Sindrome paxillica : allergica (può essere mortale)

. latenza : 1-3 ore

. sintomatologia : gastrointestinale (diarrea, coliche) e problemi cardiocircolatori (tachicardia, collasso) .

. funghi responsabili : Paxillus involutus

Sindrome entolomica : gastro-enterica (può essere mortale)

. latenza : da pochi minuti a 4 ore

. sintomatologia : disturbi gastrointestinali gravi, sete intensa, crampi, cefalea, anuria, prostrazione.

. funghi responsabili : Entoloma lividum, Tricholoma pardinum, Omphalotus olearius (agarico dell'ulivo)

Sindrome muscarinica o colinergica: **neuro-tossica**

. latenza : entro 4 ore

. sintomatologia : gastrointestinale e disturbi nervosi (sudorazione, ipotensione, lacrimazione, ecc.)

. funghi responsabili : Clitocybe, Inocybe

Sindrome muscario-panterinica: **neuro-tossica**

. latenza : entro 4 ore

. sintomatologia : gastrointestinale e disturbi nervosi (eccitazione psicomotoria, vertigini, ebbrezza, ansia, depressione, stato confusionale, allucinazioni)

. funghi responsabili : Amanita muscaria, amanita pantherina

Sindrome allucinogena: **neuro-tossica**

. latenza : 15-30 min

. sintomatologia : gastrointestinale e disturbi neurovegetativi (cefalea, vertigini, torpore), turbe neuropsichiche (stati maniacali, depressivi, euforia, visioni colorate e distorte)

. funghi responsabili : Psilocybe, Panaeolus, Mycena

Sindrome resinoide: gastro-enterica

. latenza : da pochi minuti a 4 ore

. sintomatologia : dolori addominali, vomito, diarrea, cefalea. I disturbi possono regredire spontaneamente nelle 24 ore

. funghi responsabili : Boletus satana, alcune Russule e Lattari non commestibili, Hypholoma fasciculare

Sindrome coprinica: allergica

. latenza : 10 minuti dopo aver assunto alcool

. sintomatologia : disturbi cardiovascolari (effetto antabuse: congestione, arrossamento e cianosi a viso, cuoio capelluto, torace, vampe di calore e tachicardia)

. funghi responsabili : Coprinus atramentarius

Mini-guida Funghi con lamelle

. **gambo eccentrico** : pleurotus, shiitache, lentinus, ecc

. **gambo non sfilacciabile** : russule e lattari

. **gambo sfilacciabile:**

> **fungo eterogeneo** (lamelle libere):
>
> - **volva e anello**: amanite
> - **solo volva** : volvarie
> - **solo anello** : psalliota, limacella, lepiota, coprinus
> - **né anello né volva** : marasmius
>
> **fungo omogeneo** (lamelle attaccate):
>
> - **presenza cortina** : cortinari
> - **presenza anello** : armillaria, rozites, stropharia
> - **lamelle cerose:** higrophori
> - **no anello** : paxillus, clitocybe, tricholoma

Altri funghi (tubuli/aculei/atipici)

- **tubuli separabili dal cappello** : boleti
- **tubuli non separabili** : polyporacee
- **funghi con aculei** : idnacee
- **funghi con nervature** : cantharellus
- **funghi atipici:** (vescia, spugnola, ditola, clavaria, sparassis)

Glossario

- **aculei:** minuscole, piccole e numerose protuberanze sotto il cappello delle Idnacee

- **anello :** residuo del velo parziale sul gambo; membranoso, scorrevole, striato, caduco

- **anastomosi :** congiunzione di lamelle o di pliche in senso trasversale

- **cercine :** bordo rilevato attorno al gambo, anularmente

- **cortina :** velo di filamenti ragnatelosi che unisce il bordo del cappello al gambo

- **embricato :** con squame che si ricoprono tra loro come tegole (embrici)

- **fioccoso:** con esili fibre lanose, simili ad un fiocco di lana

- **gambo :** struttura di sostegno del cappello; di solito cilindrica, carnosa, fibrosa

- **glabro :** nudo, liscio

- **igròfano :** si dice di un fungo che assorbe facilmente acqua diventando più scuro

- **involuto :** bordo del cappello arrotolato all'interno

- **lamellule :** lamelle più corte delle altre, che dal margine del cappello non raggiungono il gambo

- **lattice :** secrezione di alcuni funghi (lattari); in genere bianco o rosa-rosso

- **micorrizia :** simbiosi tra un fungo e la radice di una pianta

- **poro :** orifizio e parte terminale del tubulo di un Boleto o di un Poliporo

- **pruina:** impolvera tura biancastra talvolta presente sul gambo o sul cappello

- **sessile :** senza gambo

- **spora :** corpuscolo uni o pluricellulare che serve alla riproduzione del fungo; il colore delle spore è un importante elemento di riconoscimento

- **striato :** segnato da linee sottili

- **tagliente :** filo o parte esterna delle lamelle

- **tubuli :** sottili canalicoli nella parte inferiore di alcuni funghi (Boleti, Polypori)

- **umbone :** protuberanza conica al centro del cappello

- **velo :** generale : involucro che ricopre il fungo alla nascita (in vari tipi di funghi), parziale : unisce in alcuni funghi il margine del cappello al gambo

- **volva :** residuo del velo generale che avvolge interamente il bulbo del gambo in alcuni funghi (amanite, ecc.)